U0643112

电力安全典型工作票范例

营销专业

国网江苏省电力有限公司　组编

中国电力出版社
CHINA ELECTRIC POWER PRESS

图书在版编目（CIP）数据

电力安全典型工作票范例. 营销专业 / 国网江苏省
电力有限公司组编. -- 北京：中国电力出版社，2025.
6. -- ISBN 978-7-5239-0071-0

Ⅰ. TM08

中国国家版本馆 CIP 数据核字第 20256QW354 号

出版发行：中国电力出版社
地　　址：北京市东城区北京站西街 19 号（邮政编码 100005）
网　　址：http://www.cepp.sgcc.com.cn
责任编辑：薛　红
责任校对：黄　蓓　马　宁
装帧设计：赵丽媛
责任印制：石　雷

印　　刷：三河市万龙印装有限公司
版　　次：2025 年 6 月第一版
印　　次：2025 年 6 月北京第一次印刷
开　　本：880 毫米×1230 毫米　16 开本
印　　张：2.25
字　　数：70 千字
定　　价：20.00 元

编 委 会

前　言

　　工作票制度是确保在电气设备上工作安全的组织措施之一，正确填用工作票是贯彻执行工作票制度的基本条件。为满足服务基层一线工作票填用需求，加强作业现场安全管理，提升《国家电网有限公司电力安全工作规程》执行针对性，确保作业现场安全，实现"三杜绝、三防范"安全目标，国网江苏省电力有限公司组织编制了《电力安全典型工作票范例》（简称《范例》），《范例》共分5个分册，分别为输电专业、变电专业、配电专业、配电带电作业专业、营销专业。

　　本册为营销专业，编写严格遵循《国家电网有限公司电力安全工作规程》要求，内容包括变电站电能表装拆及更换、现场检验、电量采集终端调试，变电站计量装置故障处理，用户配电室用户增容、负控终端安装调试，用户配电室电能表、负控终端装拆与现场校验，用户配电室计量装置故障处理，低压客户侧电能表装拆及更换、现场检验，低压客户侧计量装置故障处理共7个具有广泛性和代表性的典型作业场景，其他相关工作可参考借鉴。典型工作票中所列的安全措施为"保证安全的技术措施"的基本要求，各单位在执行过程中可根据实际情况，在典型工作票的基础上对安全措施进行补充完善。

　　营销专业每个场景的典型工作票分为"作业场景情况"和"工作票样例"两个部分。"作业场景情况"部分主要用于说明工作场景、工作任务、票种选择、人员分工及安排、场景接线图等内容，通过具体化的场景，指导工作票填写。"工作票样例"部分包含具体化场景下的工作票样票和针对票面每一栏的填用说明及注意事项。

　　本书在编制过程中得到国网江苏省电力有限公司各相关单位的大力支持和各级领导的悉心指导，凝聚了各位参与编著人员的心血，希望本书对读者有所帮助，给予借鉴和启示。

　　因本书涉及内容广，加之编写时间有限，难免存在不妥或疏漏之处，恳请各位读者批评指正，以便进一步完善。

编　者

2024 年 11 月

目　录

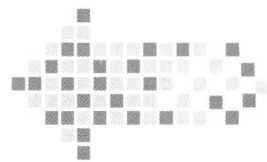

1. 变电站电能表装拆及更换、现场检验、电量采集终端调试

一、作业场景情况

（一）工作场景

营销计量人员进入变电站开展电能表装拆及更换、现场检验、电量采集终端调试。

（二）工作任务

电能表装拆及更换：在开关室（与实际工作地点命名相符）进行电能表装拆及更换，安装完成后在主控室（与实际工作地点命名相符）完成电量采集终端调试工作。

电能表现场校验：在开关室（与实际工作地点命名相符）对运行电能表进行现场校验。

（三）票种选择建议

变电第二种工作票。

（四）人员分工及安排

本次工作有 2 个作业地点，因 2 个工作地点非同时开工，本张工作票无需设置专责监护人（若不同工作地点同时开工，应在每个工作地点设置专责监护人）。参与本次工作的共 3 人（含工作负责人），具体分工为：

作业点 1：开关室。

张××（工作负责人）：负责工作的整体协调组织，在电能表装拆、更换及现场检验时进行监护。

李××（工作班成员）：进行电能表装拆及更换，完成后对电能表进行现场校验。

王××（工作班成员）：进行电能表装拆及更换，完成后对电能表进行现场校验。

作业点 2：主控室。

张××（工作负责人）：负责工作的整体协调组织，在主控室电量采集终端调试时进行监护。

王××（工作班成员）：在电能表安装完成后，进行电量采集终端调试工作。

李××（工作班成员）：在电能表安装完成后，进行电量采集终端调试工作。

二、工作票样例

变电第二种工作票

作业风险等级：Ⅳ

单　位　××××中心　　变电站　交流 110kV 样票变电站

编　号　Ⅱ202401004

【票种选择】本次作业为变电站内变电不停电工作，使用变电第二种工作票，无需增持其他票种。

按照《国家电网有限公司营销现场作业安全工作规程（试行）（2021 年版）》（简称营销安规）风险等级划分，不停电换表、现场检验、采集终端装拆调试工作，应为Ⅳ级风险。

1. 工作负责人（监护人） <u>张××</u>　　**班　组** <u>综合班组</u>

2. 工作班人员（不包括工作负责人）

<u>××××电力工程有限公司：李××、王××。</u>

共 <u>2</u> 人

3. 工作的变、配电站名称及设备双重名称

<u>交流 110kV 样票变：电能表柜（1）、10kV 备用 124 开关柜。</u>

4. 工作任务

工作地点及设备双重名称	工作内容
10kV 开关室：10kV 备用 124 开关柜	电能表新装、现场检验
主控室：电能表柜（1）	电量采集终端调试

5. 工作计划时间

自 <u>2024</u> 年 <u>01</u> 月 <u>12</u> 日 <u>10</u> 时 <u>00</u> 分至 <u>2024</u> 年 <u>01</u> 月 <u>12</u> 日 <u>18</u> 时 <u>00</u> 分。

6. 工作条件（停电或不停电，或邻近及保留带电设备名称）

<u>不停电。</u>

7. 注意事项（安全措施）

（1）认清工作地点，加强监护，勿碰其他运行设备。

（2）工作时应与带电部位保持足够的安全距离：10kV 大于 0.7m。

（3）电流互感器二次勿开路，电压互感器二次勿短路。

（4）应在工作地点：10kV 备用 124 开关柜前仓处挂"在此工作"标示牌。应在相邻设备：10kV 备用 122 开关柜、备用 126 开关柜前仓处挂"止步，高压危险"标示牌。应在工作地点：电能表柜（1）前、后门处挂"在此工作"标示牌。应在相邻屏柜：电能表柜（2）前后敷设红布幔运行标志。

1.【班组】对于两个及以上班组共同进行的工作，填写"综合班组"。

2.【工作班人员】人员应取得准入资质，安排的人员应进行承载力分析，确保人数适当、充足；如有特种作业应安排具备相应资质的特种作业人员。不同单位需分行填写。
【共×人】不包括工作负责人。

3.【工作的变、配电站名称及设备双重名称】设备双重名称与第4项"工作任务"栏内一致。

4.【工作任务】在同一区域内不同设备但工作内容相同的工作任务可以合并填写。同一设备的不同工作内容也可合并填写，第二种工作票整个区域内所有同类型设备均有工作时，允许使用"全部"字样，如"220kV 高压设备区：全部 220kV 设备"。

5.【计划工作时间】填写计划工作开始时间和结束时间，如涉及跟调度申请的保护停用工作，该时间应在调度批准的时间段内。

6.【工作条件】变电第二种工作票对应"不停电"。

7.【注意事项】应结合 2021 版营销安规和具体现场工作填写安全措施。建议填写工作监护制度、误碰其他运行设备以及工作中安全注意事项；填写工作所在区域的设备编号及双重名称；填写在相邻运行设备装设红布幔以及应挂标示牌的名称和地点；填写应做好的安全防护措施及进出设备区的注意事项。

（5）进入变电站应戴好安全帽，穿全棉长袖工作服。做到工完场清。进出设备室应随手关门。

工作票签发人签名：丁××　　签发时间：2024 年 01 月 12 日 09 时 00 分

工作票会签人签名：＿＿＿＿＿　　会签时间：＿＿＿年＿＿月＿＿日＿＿时＿＿分

8. 补充安全措施（工作许可人填写）

无。＿＿＿＿＿＿＿＿＿＿＿＿＿＿＿＿＿＿＿＿＿＿＿＿＿

8.【补充安全措施】由工作许可人填写补充安全措施，没有则填写"无"。

9. 确认本工作票 1～8 项

许可工作时间：2024 年 01 月 12 日 11 时 05 分

工作负责人签名：张××　　工作许可人签名：林××

9.【确认本工作票 1～8 项】工作许可人许可工作票后，填写许可时间，工作负责人和工作许可人分别签名。许可时间不应早于计划工作开始时间。

10. 现场交底，工作班成员确认工作负责人布置的工作任务、人员分工、安全措施和注意事项并签名

李××　　王××　　刘××

10.【现场交底】现场交底签名，工作班成员确认工作负责人布置的工作任务、人员分工、安全措施和注意事项。每个工作班成员履行签名手续，不得代签。

11. 工作票延期

有效期延长到＿＿＿＿年＿＿月＿＿日＿＿时＿＿分。

工作负责人签名：＿＿＿＿＿＿　　签名时间：＿＿＿年＿＿月＿＿日＿＿时＿＿分

工作许可人签名：＿＿＿＿＿＿　　签名时间：＿＿＿年＿＿月＿＿日＿＿时＿＿分

11.【工作票延期】工作票延期，由工作负责人向工作许可人提出申请，同意后记入并双方签名。此处工作许可人签名可代签。

12. 工作负责人变动情况

原工作负责人＿＿＿＿＿＿离去，变更＿＿＿＿＿＿为工作负责人。

工作票签发人：＿＿＿＿＿＿　　签名时间：＿＿＿年＿＿月＿＿日＿＿时＿＿分

12.【工作负责人变动情况】经工作票签发人同意，在工作票上填写离去和变更的工作负责人姓名及变动时间，同时通知全体作业人员及工作许可人；如工作票签发人无法当面办理，应通过电话通知工作许可人，由工作许可人和原工作负责人在各自所持工作票上填写工作负责人变更情况，并代工作票签发人签名。

13. 工作人员变动情况（变动人员姓名，变动日期及时间）

2024 年 01 月 12 日 11 时 10 分刘××加入（工作负责人签名：张××）

2024 年 01 月 12 日 11 时 10 分李××离去（工作负责人签名：张××）

工作负责人签名：张××

13.【工作人员变动情况】工作人员变动后，工作负责人应及时在所持工作票上写明变动人员姓名、变动日期、时间，并签名。人员变动情况填写格式：××××年××月××日××时××分，××、××加入（离去）。
班组人员每次发生变动，工作负责人要在工作票上即时注明变动情况并签名，不得最后一并签名。

14. 每日工作和收工时间（使用一天的工作票不必填写）

收工时间				工作负责人	工作许可人	收工时间				工作许可人	工作负责人
月	日	时	分			月	日	时	分		

15. 工作票终结

全部工作于 2024 年 01 月 12 日 12 时 15 分结束，工作人员已全部撤离，材料工具已清理完毕。

工作负责人签名：张×× 工作许可人签名：林××

16. 备注

（1）工作班成员王××作业开工时未到场参与工作。2024 年 01 月 12 日 11 时 25 分王××已接受安全交底并签字，可以参与现场工作。

（2）新增专责监护人：由王××监护刘××，在工作地点：10kV 备用 124 开关柜上，开展电能表新装、现场检验工作。

14.【每日工作和收工时间】工作时间超过一天的情况，当日工作间断或次日开始前，应通知工作许可人并做好收工、开工时间记录，并有工作负责人和许可人签字。

15.【工作票终结】工作结束后，工作负责人应及时报告工作许可人。工作负责人和工作许可人分别在各自收执的工作票上办理工作终结手续，签字并记录工作结束时间。工作一旦终结，任何工作人员不得进入工作现场。

16.【备注】

（1）可填写专责监护等票面前面未填写的信息。若一张工作票上涉及两个及以上作业现场，工作负责人无法同时全过程监护检修工作，则需要在各个作业现场设置一名专责监护人，或者各作业现场轮流开展工作，以确保每一个作业现场开工时均在监护人的监护下进行工作。填写时，应填写被监护人姓名、工作地点及工作内容。

（2）对于工作开始前，票中预安排的工作班成员，如未能在开工时参与现场安全交底的，整体作业开工时，需在备注栏对相关情况说明，如"工作班成员××××作业开工时，未到场参与工作。"无需在工作票"工作人员变动情况"栏进行人员变动。相关预安排人员实际参与现场作业时，应在备注栏对相关情况说明，如"××××年××月××日××时××分，××、××已接受安全交底并签字，可参与现场工作"。

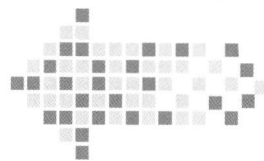

2. 变电站计量装置故障处理

一、作业场景情况

（一）工作场景

营销计量人员进入变电站开展计量装置故障处理。

（二）工作任务

计量装置故障处理：在主控室（与实际工作地点命名相符）进行计量装置故障处理，故障消除后在主控室完成表计采集调试工作。

（三）票种选择建议

变电第二种工作票。

（四）人员分工及安排

本次工作有 1 个作业地点：主控室。本张工作票无需设置专责监护人（若不同工作地点同时开工，应在每个工作地点设置专责监护人）。参与本次工作的共 2 人（含工作负责人），具体分工为：

张××（工作负责人）：负责工作的整体协调组织，在计量装置故障处理时进行监护。

李××（工作班成员）：进行计量装置故障处理，完成后对电能表进行采集调试工作。

二、工作票样例

<table>
<tr><td colspan="2">

变电第二种工作票

作业风险等级： Ⅳ

单　位　××××中心　　　变电站　交流 110kV 样票变电站

编　号　Ⅱ202401005

1. 工作负责人（监护人） 张××　　　班　组　综合班组

2. 工作班人员（不包括工作负责人）

××××电力工程有限公司：李××。

共　1　人

3. 工作的变、配电站名称及设备双重名称

交流 110kV 样票变：电能表柜（1）、电能表柜（2）。

</td></tr>
</table>

【票种选择】本次作业为变电站内变电不停电工作，使用变电第二种工作票，无需增持其他票种。

按照营销安规风险等级划分，不停电换表、现场检验、采集终端装拆调试工作，应为Ⅳ级风险。

1.【班组】对于两个及以上班组共同进行的工作，填写"综合班组"。

2.【工作班人员】人员应取得准入资质，安排的人员应进行承载力分析，确保人数适当、充足；如有特种作业应安排具备相应资质的特种作业人员。不同单位需分行填写。

【共×人】不包括工作负责人。

3.【工作的变、配电站名称及设备双重名称】设备双重名称与第 4 项"工作任务"栏内一致。

4. 工作任务

工作地点及设备双重名称	工作内容
主控室：电能表柜（1）、电能表柜（2）	样票线671开关电能表采集消缺、电量采集终端调试

> 4.【工作任务】在同一区域内不同设备但工作内容相同的工作任务可以合并填写。同一设备的不同工作内容也可合并填写，第二种工作票整个区域内所有同类型设备均有工作时，允许使用"全部"字样，如"220kV高压设备区：全部220kV设备"。

5. 工作计划时间

自 2024 年 01 月 14 日 10 时 00 分至 2024 年 01 月 14 日 18 时 00 分。

> 5.【计划工作时间】填写计划工作开始时间和结束时间，如涉及跟调度申请的保护停用工作，该时间应在调度批准的时间段内。

6. 工作条件（停电或不停电，或邻近及保留带电设备名称）

不停电。

> 6.【工作条件】变电第二种工作票对应"不停电"。

7. 注意事项（安全措施）

（1）认清工作地点，加强监护，勿碰其他运行设备。

（2）电流互感器二次勿开路，电压互感器二次勿短路。

（3）应在工作地点：电能表柜（1）、电能表柜（2）前、后门处挂"在此工作"标示牌。应在相邻屏柜：电能表柜（3）前后敷设红布幔运行标志。

（4）进入变电站应戴好安全帽，穿全棉长袖工作服。做到工完场清。进出设备室应随手关门。

工作票签发人签名：丁×× 签发时间：2024 年 01 月 14 日 09 时 00 分

工作票会签人签名：_____ 会签时间：____年__月__日__时__分

> 7.【注意事项】应结合2021版营销安规和具体现场工作填写安全措施。建议填写工作监护制度、误碰其他运行设备以及工作中安全注意事项；填写工作所在区域的设备编号及双重名称；填写在相邻运行设备装设红布幔以及应挂标识牌的名称和地点；填写应做好的安全防护措施及进出设备区的注意事项。

8. 补充安全措施（工作许可人填写）

无。

> 8.【补充安全措施】由工作许可人填写补充安全措施，没有则填写"无"。

9. 确认本工作票1～8项

许可工作时间：2024 年 01 月 14 日 11 时 05 分

工作负责人签名：张×× 工作许可人签名：林××

> 9.【确认本工作票1～8项】工作许可人许可工作票后，填写许可时间，工作负责人和工作许可人分别签名。许可时间不应早于计划工作开始时间。

10. 现场交底，工作班成员确认工作负责人布置的工作任务、人员分工、安全措施和注意事项并签名

李×× 王×× 刘××

_____

11. 工作票延期

有效期延长到____年__月__日__时__分。

工作负责人签名：_____ 签名时间：____年__月__日__时__分

工作许可人签名：_____ 签名时间：____年__月__日__时__分

12. 工作负责人变动情况

原工作负责人_____离去，变更_____为工作负责人。

工作票签发人：_____ 签发时间：____年__月__日__时__分

13. 工作人员变动情况（变动人员姓名，变动日期及时间）

2024年01月14日11时10分刘××加入（工作负责人签名：张××）

2024年01月14日11时10分李××离去（工作负责人签名：张××）

工作负责人签名：张××

14. 每日工作和收工时间（使用一天的工作票不必填写）

收工时间				工作负责人	工作许可人	收工时间				工作许可人	工作负责人
月	日	时	分			月	日	时	分		

10.【现场交底】现场交底签名，工作班成员确认工作负责人布置的工作任务、人员分工、安全措施和注意事项。每个工作班成员履行签名手续，不得代签。

11.【工作票延期】工作票延期，由工作负责人向工作许可人提出申请，同意后记入并双方签名。此处工作许可人签名可代签。

12.【工作负责人变动情况】经工作票签发人同意，在工作票上填写离去和变更的工作负责人姓名及变动时间，同时通知全体作业人员及工作许可人；如工作票签发人无法当面办理，应通过电话通知工作许可人，由工作许可人和原工作负责人在各自所持工作票上填写工作负责人变更情况，并代工作票签发人签名。

13.【工作人员变动情况】工作人员变动后，工作负责人应及时在所持工作票上写明变动人员姓名、变动日期、时间，并签名。人员变动情况填写格式：×××年××月××日××时××分，××、××加入（离去）。
班组人员每次发生变动，工作负责人要在工作票上即时注明变动情况并签名，不得最后一并签名。

14.【每日工作和收工时间】工作时间超过一天的情况，当日工作间断或次日开始前，应通知工作许可人并做好收工、开工时间记录，并有工作负责人和许可人签字。

15. 工作票终结

全部工作于<u>2024</u>年<u>01</u>月<u>14</u>日<u>13</u>时<u>20</u>分结束，工作人员已全部撤离，材料工具已清理完毕。

工作负责人签名：<u>张××</u>　　**工作许可人签名：**<u>林××</u>

16. 备注

（1）工作班成员王××作业开工时未到场参与工作。

<u>2024</u>年<u>01</u>月<u>14</u>日<u>11</u>时<u>25</u>分王××已接受安全交底并签字，可以参与现场工作。

（2）新增专责监护人：由王××监护刘××，在工作地点：主控室电能表柜（1）、电能表柜（2）上，开展样票线 671 开关电能表采集消缺、电量采集终端调试工作。

15.【工作票终结】工作结束后，工作负责人应及时报告工作许可人。工作负责人和工作许可人分别在各自收执的工作票上办理工作终结手续，签字并记录工作结束时间。工作一旦终结，任何工作人员不得进入工作现场。

16.【备注】
（1）可填写专责监护等票面前面未填写的信息。若一张工作票上涉及两个及以上作业现场，工作负责人无法同时全过程监护检修工作，则需要在各个作业现场设置一名专责监护人，或者各作业现场轮流开展工作，以确保每一个作业现场开工时均在监护人的监护下进行工作。填写时，应填写被监护人姓名、工作地点及工作内容。
（2）对于工作开始前，票中预安排的工作班成员，如未能在开工时参与现场安全交底的，整体作业开工时，需在备注栏对相关情况说明，如"工作班成员××作业开工时，未到场参与工作。"无需在工作票"工作人员变动情况"栏进行人员变动。相关预安排人员实际参与现场作业时，应在备注栏对相关情况说明，如"××××年××月××日××时××分，××、××已接受安全交底并签字，可参与现场工作"。

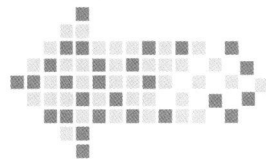

3. 用户配电室用户增容、负控终端安装调试

一、作业场景情况

（一）工作场景

营销计量人员进入用户配电室开展用户增容、负控终端安装调试工作。

（二）工作任务

电能表装拆及更换：在用户配电室（与实际工作地点命名相符）进行电能表、负控终端安装，高压互感器接线检查，完成后在配电室（与实际工作地点命名相符）完成负控终端调试工作。

（三）票种选择建议

配电第一种工作票。

（四）人员分工及安排

本次工作只有1个作业地点：用户配电室1号计量柜，因此本张工作票无需设置专责监护人（若不同工作地点同时开工，应在每个工作地点设置专责监护人）。参与本次工作的共3人（含工作负责人），具体分工为：

张××（工作负责人）：负责工作的整体协调组织，在工作班成员高压互感器接线检查，电能表、负控终端安装调试时进行监护。

李××（工作班成员）：进行高压互感器接线检查，电能表、负控终端安装，完成后对负控终端进行采集调试。

王××（工作班成员）：进行高压互感器接线检查，电能表、负控终端安装，完成后对负控终端进行采集调试。

（五）场景接线图

单电源用户一次接线如图3-1所示。

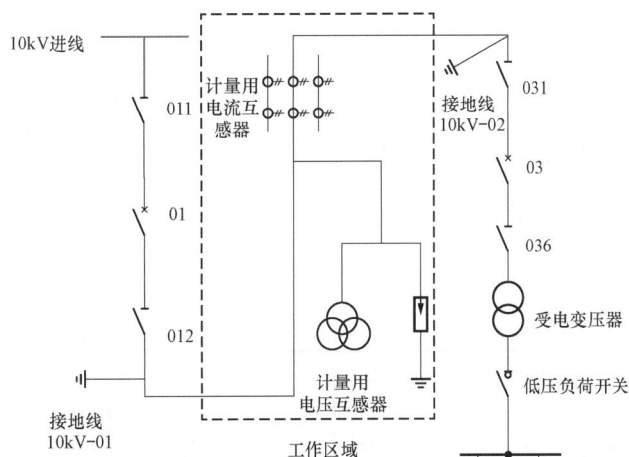

说明：标红线路代表"带电"线路，未标红线路为"不带电"线路。

图3-1 单电源用户一次接线图

二、工作票样例

配电第一种工作票

单　位 ××××中心　　编　号 YF202402002

1. 工作负责人 李××　　班　组 高压装接班

2. 工作班人员（不包括工作负责人）

王××、张××。

共 2 人

3. 停电线路名称（多回线路应注明双重称号）

110kV 样票变电站 10kV××××123 线工业区分支 11 号杆。

4. 工作任务

工作地点（地段）或设备 [注明变（配）电站、线路名称、设备双重名称、线路的起止杆号等]	工作内容
××××机械制造有限公司 10kV 配电室 1 号计量柜	高压电压、电流互感器接线检查,电能表、负控终端安装及调试

5. 计划工作时间

自 2024 年 02 月 05 日 08 时 00 分至 2024 年 02 月 05 日 13 时 00 分。

6. 安全措施 [应该为检修状态的线路、设备名称、应断开的断路器（开关）、隔离开关（刀闸）、熔断器，应合上的接地刀闸，应装设的接地线、绝缘隔板、遮栏（围栏）和标示牌等，装设的接地线应明确具体位置，必要时可附页绘图说明]

6.1　调控或运维人员（变配电站、发电厂等）应采取的安全措施	已执行
（1）应拉开 10kV××××机械制造有限公司 01 断路器，并在断路器操作处设"禁止合闸，有人工作"标示牌	√

【票种选择】本次作业为配电停电工作，使用配电第一种工作票。

1.【班组】对于两个及以上班组共同进行的工作，填写"综合班组"。

2.【工作班人员】人员应取得准入资质，安排的人员应进行承载力分析，确保人数适当、充足；如有特种作业应安排具备相应资质的特种作业人员。不同单位需分行填写。

4.【工作任务】不同地点的工作应分行填写；工作地点与工作内容一一对应。

5.【计划工作时间】填写已批准的检修期限，工作时间应在调度批复的停电时间内。

6.【安全措施】
【6.1 栏】先填写变电站内变电运维人员采取的安全措施，后填写线路上配电运维人员采取的安全措施。

续表

6.1 调控或运维人员（变配电站、发电厂等）应采取的安全措施	已执行	
（2）应拉开 10kV ××××机械制造有限公司 011 刀闸、012 刀闸，并在刀闸操作处设"禁止合闸，有人工作"标示牌	√	
（3）应在××××机械制造有限公司 012 刀闸下桩头（计量柜侧）处装设接地线一组（10kV-01）	√	
6.2 工作班完成的安全措施	已执行	
（1）拉开 10kV 受电变压器进线侧 03 断路器，并在断路器操作处设"禁止合闸，有人工作"标示牌	√	
（2）拉开 10kV 受电变压器进线侧 031、036 刀闸，并在刀闸操作处设"禁止合闸，有人工作"标示牌	√	
（3）在 10kV1 号计量柜四周设置围栏，在围栏出入口挂"从此进出""在此工作"标示牌，在围栏四周设"止步，高压危险"标示牌	√	
（4）验明 031 刀闸上桩头（计量柜侧）确无电压后，安装 10kV 接地线一组（10kV-02）	√	

6.3 工作班装设（或拆除）的接地线

线路名称、设备双重名称、装设位置	接地线编号	装拆情况		
031 刀闸上桩头	10kV-02	装设人	监护人	装设时间
		××	××	2024 年 02 月 05 日 08 时 35 分
		拆除人	监护人	拆除时间
		××	××	2024 年 02 月 05 日 12 时 25 分

6.4 配合停电线路应采取的安全措施	已执行
无	

6.5 保留或邻近的带电线路、设备：

无。

6.6 其他安全措施和注意事项：

【安全距离】工作人员与带电设备保持安全距离 10kV 不小于 0.7m。

工作票签发人签名：单××   2024 年 02 月 03 日 15 时 08 分

工作票会签人签名：_____   ___年___月___日___时___分

【6.2 栏】填写由工作班应装设的围栏、标示牌等。没有则填写"无"。

【6.3 栏】填写应工作班装设接地线的确切位置、地点。根据现场工作班成员装设或拆除接地线完毕的实际时间填写。装设时间不应早于许可时间，拆除时间不应晚于终结时间。

【6.4 栏】填写由调控或运维人员负责的配合停电的线路名称及应断开的断路器（开关）、隔离开关（刀闸）、熔断器，应合上的接地刀闸或应装设的操作接地线。没有则填写"无"。

【6.5 栏】填写工作地点及周围保留的带电部位、带电设备名称。没有则填写"无"。

【6.6 栏】根据现场具体情况而采取的安全措施或注意事项。

工作负责人签名：<u>李××</u>　　　　　<u>2024</u>年<u>02</u>月<u>03</u>日<u>16</u>时<u>08</u>分

6.7　其他安全措施和注意事项补充（由工作负责人或工作许可人填写）：

　　　无。

7. 工作许可

许可内容	许可方式	工作许可人	工作负责人签名	工作许可时间
××××机械制造有限公司 10kV 配电室 1 号计量柜	当面	××	李××	2024 年 02 月 05 日 08 时 31 分
××××机械制造有限公司 10kV 配电室 1 号计量柜	当面	××		2024 年 02 月 05 日 08 时 32 分

8. 现场交底，工作班成员确认工作负责人布置的工作任务、人员分工、安全措施和注意事项并签名

　　<u>王××　张××</u>

9. <u>2024</u>年<u>02</u>月<u>05</u>日<u>08</u>时<u>45</u>分工作负责人确认工作票所列当前工作所需的安全措施全部执行完毕，下令开始工作。

10. 工作任务单登记

工作任务单编号	工作任务	小组负责人	工作许可时间	工作结束报告时间
无			＿＿年＿月＿＿日＿＿时＿＿分	＿＿年＿月＿＿日＿＿时＿＿分

11. 人员变更

11.1　工作负责人变动情况：原工作负责人＿＿＿＿离去，变更＿＿＿＿为工作负责人。

【6.7 栏】 工作负责人或工作许可人根据现场的实际情况，补充安全措施或注意事项。无补充内容时填写"无"。

7.【工作许可】 客户侧现场作业应执行"双许可"制度，工作许可人和工作负责人分别在各自收执的工作票上填写许可的线路或设备名称、许可方式、工作许可人、工作负责人、许可工作时间。许可工作时间不得早于计划工作开始时间。

8.【现场交底】 工作班成员在明确了工作负责人和小组负责人交待的工作内容、人员分工、带电部位、现场布置的安全措施和工作的危险点及防范措施后，每个工作班成员在工作负责人所持工作票的本栏签名，不得代签。

9.【确认安措】 工作负责人确认工作票所列当前工作所需的安全措施全部执行完毕之后，下令开始工作的时间。

10.【工作任务单登记】 若一张工作票下设多个小组工作，工作负责人应将所有工作任务单的编号、工作任务、小组负责人姓名以及工作任务下达、工作终结时间逐一登记。没有则填"无"。

11.【人员变更】
【11.1 栏】 工作负责人变动情况

工作票签发人：_____　　　　　____年__月__日__时__分

原工作负责人签名确认：_____

新工作负责人签名确认：_____　　　　____年__月__日__时__分

11.2 工作人员变动情况。

_____

　　　　　　　　　　　　　　　工作负责人签名：_____

12. 工作票延期

有效期延长到____年__月__日__时__分。

工作负责人签名：_____　　　　____年__月__日__时__分

工作许可人签名：_____　　　　____年__月__日__时__分

13. 每日开工和收工时间（使用一天的工作票不必填写）

收工时间	工作负责人	工作许可人	开工时间	工作许可人	工作负责人

14. 工作终结

14.1 工作班现场所装设接地线共 1 组、个人保安线共 0 组已全部拆除，工作班布置的其他安全措施已恢复，工作班人员已全部撤离现场，材料工具已清理完毕，杆塔、设备上已无遗留物。

14.2 工作终结报告。

终结内容	报告方式	工作负责人	工作许可人	终结报告时间
××××机械制造有限公司 10kV 配电室1号计量柜	当面	李××	××	2024 年 02 月 05 日 12 时 30 分
××××机械制造有限公司 10kV 配电室1号计量柜	当面		××	2024 年 02 月 05 日 12 时 31 分

（1）经工作票签发人同意，在工作票上填写原工作负责人和新工作负责人的姓名及变动时间，同时通知工作许可人。
（2）新、老工作负责人应做好交接手续。交接手续完成后，原工作负责人与新工作负责人应分别在工作票上签名确认，并记录确认时间。

【11.2 栏】工作成员变动情况
工作人员新增或离开应经工作负责人同意并签名，在工作票上写明变更人员姓名、变更时间。
新增人员在明确了工作内容、人员分工、带电部位、现场安全措施和工作的危险点及防范措施，在工作负责人所持工作票第8栏签名确认后方可参加工作。

12.【工作票延期】工作票需办理延期手续，应由工作负责人向工作许可人提出申请，并将同意延期期限记入本栏，同时工作负责人、工作许可人签名（或代签）并填写相应的时间。

14.【工作终结】
（1）填写拆除的所有工作接地线和个人保安线数量。
1）工作结束后，工作负责人（包括小组负责人）应检查工作地段的状况，确认没有遗留个人保安线和其他工具、材料，全部工作人员确已撤离，并经验收合格后方可命令拆除工作接地线等安全措施。
2）接地线拆除后，任何人不得再登杆工作或在设备上工作。
（2）工作终结报告。
1）工作终结后，工作负责人应及时报告工作许可人，若有其他单位的设备配合停电，还应及时通知配合停电设备运行管理单位的停电联系人。工作终结报告应当面进行。
2）报告结束后，工作许可人和工作负责人分别在各自收执的工作票上填写终结的线路或设备的名称、报告方式、工作负责人、工作许可人和终结报告时间，办理工作终结手续。工作一旦终结，任何工作人员不得进入工作现场。
3）执行工作票"双许可"的工作，应由双方许可人均办理工作终结手续后，方可视为工作终结。

15. 工作票终结

　　已拆除工作许可人现场所挂 <u>10kV-01</u>（编号）接地线共 <u>1</u> 组；已拉开<u>无</u>

（编号）接地刀闸共 <u>0</u> 副。

　　工作票于 <u>2024</u> 年 <u>05</u> 月 <u>20</u> 日 <u>11</u> 时 <u>58</u> 分结束。

　　工作许可人： <u>××</u>

16. 负责监护

指定专责监护人	被监护人	负责监护（地点及具体工作）

17. 其他事项

　　<u>无。</u>

15.【工作票终结】
（1）填写拆除由工作许可人负责装设的接地线和接地刀闸编号、数量，以及工作票的终结时间。确认接地线和接地刀闸都已经拆除后，工作许可人签名。
（2）若不涉及接地线或接地闸刀，应在编号栏填"无"，在数量栏填"0"组（副），不得空白。
（3）拉开的接地刀闸编号栏应填写双重名称。
（4）工作票终结前，工作许可人在接到所有工作负责人的完工报告，实地检查确认停电范围内所有工作已结束，所有人员已撤离，所有接地线已拆除，与记录簿核对无误并做好记录后，方可下令拆除各侧安全措施。
（5）该项内容只需工作许可人所持票面填写。涉及多名工作许可人的工作票，各工作许可人负责各自所装设的接地线（接地刀闸）的拆除情况。

16.【负责监护】
（1）注明指定专责监护人、被监护人、负责监护地点及具体工作。如"指定专责监护人张三负责监护李四在 10kV×线×杆进行×工作"。
（2）对有触电危险、检修（施工）复杂容易发生事故的工作，如：在邻近带电线路和设备区域使用吊车、斗臂车等特种车辆的作业；有限空间作业等，应增设专责监护人，并确定其监护的人员和工作范围。
（3）该部分内容仅需在工作负责人所持工作票上填写。

17.【其他事项】 其他需要交代或需要记录的事项。例如：
（1）暂未拆除、继续使用的接地线等。
（2）使用吊车的作业应在该栏注明吊车指挥人员。若在工作班成员栏目中已注明，则不需要在此填写。

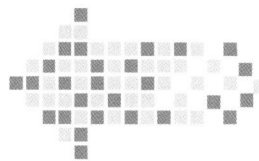

4. 用户配电室电能表、负控终端装拆与现场校验

一、作业场景情况

（一）工作场景

营销计量人员进入用户配电室开展电能表、负控终端装拆与现场校验。

（二）工作任务

电能表装拆：在用户配电室（与实际工作地点命名相符）进行电能表、负控终端装拆，完成后在配电室（与实际工作地点命名相符）完成负控终端调试工作。

电能表现场校验：在用户配电室（与实际工作地点命名相符）对运行电能表进行现场校验。

（三）票种选择建议

配电第二种工作票。

（四）人员分工及安排

本次工作只有1个作业地点：用户配电室1号计量柜，因此本张工作票无需设置专责监护人（若不同工作地点同时开工，应在每个工作地点设置专责监护人）。参与本次工作的共3人（含工作负责人），具体分工为：

张××（工作负责人）：负责工作的整体协调组织，在工作班成员电能表、负控终端装拆、负控终端调试、现场校验时进行监护。

李××（工作班成员）：进行电能表、负控终端装拆，完成后对电能表进行现场校验、采集调试。

王××（工作班成员）：进行电能表、负控终端装拆，完成后对电能表进行现场校验、采集调试。

二、工作票样例

配电第二种工作票

单　位　××××中心　　　　编　号　YF20240512001

1. 工作负责人 张××　　　班　组　高压装接班

2. 工作班成员（不包括工作负责人）

李××、王××。

共 2 人

【票种选择】本次作业为用户配电室内不停电工作，使用配电第二种工作票，无需增持其他票种。

按照营销安规风险等级划分，不停电换表、现场检验、负控终端装拆调试、计量装置故障处理工作，应为 V 级风险。

1.【班组】对于两个及以上班组共同进行的工作，填写"综合班组"。

2.【工作班人员】人员应取得准入资质，安排的人员应进行承载力分析，确保人数适当、充足；如有特种作业应安排具备相应资质的特种作业人员。不同单位需分行填写。

【共×人】不包括工作负责人。

3. 工作任务

工作地点（地段）或设备［注明变（配）电站、线路名称、设备双重名称、线路的起止杆号］	工作内容
用户 10kV 配电室 1 号计量柜	电能表、负控终端装拆、采集调试、现场校验

4. 计划工作时间

自 <u>2024</u> 年 <u>05</u> 月 <u>12</u> 日 <u>09</u> 时 <u>00</u> 分至 <u>2024</u> 年 <u>05</u> 月 <u>12</u> 日 <u>18</u> 时 <u>00</u> 分。

5. 工作条件和安全措施（必要时可附页绘图说明）

<u>电能表、采集终端装拆与调试时，宜断开各方面电源（含辅助电源）。若不停电进行，应做好绝缘包裹等有效隔离措施，防止误碰运行设备、误分闸。经互感器接入电能表的装拆、现场校验工作，应有防止电流互感器二次侧开路、电压互感器二次侧短路和防止相间短路、相对地短路、电弧灼伤的措施。工作时应与带电部位保持足够的安全距离，10kV 大于 0.7m。现场校验时应认清设备接线标识，设专人监护，工作完毕接电后要进行检查核验，确保接线正确，接线时螺丝应紧固并充分接触。对可能发生误碰危险的安装位置，应对拆下的通信线进行包裹，作业人员不得直接触碰通信线导体部分。应在工作地点四周设置围栏，挂"从此进出""在此工作""止步，高压危险"标示牌。对计量柜（箱）体进行验电后方可打开计量仓门。</u>

工作票签发人签名：<u>单××</u>　　　　　<u>2024</u> 年 <u>05</u> 月 <u>12</u> 日 <u>08</u> 时 <u>30</u> 分

工作票会签人签名：<u>　　　</u>　　　　　<u>　</u> 年 <u>　</u>月<u>　</u>日<u>　</u>时<u>　</u>分

工作负责人签名：<u>张××</u>　　　　　<u>2024</u> 年 <u>05</u> 月 <u>12</u> 日 <u>08</u> 时 <u>35</u> 分

6. 现场补充的安全措施

<u>无。</u>

4.【计划工作时间】根据工作条件填写计划工作时间。

5.【安全措施】应结合 2021 版营销安规和具体现场工作填写安全措施。建议填写工作监护制度、误碰其他运行设备以及工作中安全注意事项；填写在工作地点装设标示牌的名称和地点；填写应做好的安全防护措施及进出设备区的注意事项。

6.【补充安全措施】由工作许可人填写补充安全措施，没有则填写"无"。

7. 工作许可

许可内容	许可方式	工作许可人	工作负责人签名	工作许可时间
用户 10kV 配电室 1 号计量柜	当面	××	张××	2024 年 05 月 12 日 08 时 40 分
用户 10kV 配电室 1 号计量柜	当面	××		2024 年 05 月 12 日 08 时 41 分

7.【工作许可】客户侧现场作业应执行"双许可"制度，工作许可人许可工作票后，填写许可时间，工作负责人和工作许可人分别签名。许可时间不应早于计划工作开始时间。

8. 现场交底，工作班成员确认工作负责人布置的工作任务、人员分工、安全措施和注意事项并签名

王××　李××

8.【现场交底】现场交底签名，工作班成员确认工作负责人布置的工作任务、人员分工、安全措施和注意事项。每个工作班成员履行签名手续，不得代签。

9. 2024 年 05 月 12 日 09 时 00 分工作负责人确认工作票所列安全措施全部执行完毕，下令开始工作。

10. 工作票延期

有效期延长到____年__月__日__时__分。

工作负责人签名：_____　　　　　____年__月__日__时__分

工作许可人签名：_____　　　　　____年__月__日__时__分

10.【工作票延期】工作票延期，由工作负责人向工作许可人提出申请，同意后记入并双方签名。此处工作许可人签名可代签。

11. 工作终结

11.1　工作班布置的安全措施已恢复，工作班人员已全部撤离现场，材料工具已清理完毕，杆塔、设备上已无遗留物。

11.2　工作终结报告。

11.【工作终结】工作结束后，工作负责人应及时报告工作许可人。工作负责人和工作许可人分别在各自收执的工作票上办理工作终结手续，签字并记录工作结束时间。工作一旦终结，任何工作人员不得进入工作现场。执行工作票"双许可"的工作，应由双方许可人均办理工作终结手续后，方可视为工作终结。

终结内容	报告方式	工作负责人签名	工作许可人	终结报告时间
用户 10kV 配电室 1 号计量柜	当面	张××	××	2024 年 05 月 12 日 12 时 30 分
用户 10kV 配电室 1 号计量柜	当面		××	2024 年 05 月 12 日 12 时 31 分

12. 备注

12.1 指定专责监护人_____负责监护_____

_____（地点及具

体工作。）

12.2 其他事项：<u>无。</u>_____

_____

12.【备注】如有指定专责监护人的，在12.1栏填写指定专责监护人姓名和监护的地点和具体工作，有其他事项的，在12.2栏填写其他事项。

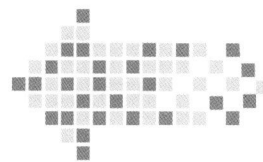

5. 用户配电室计量装置故障处理

一、作业场景情况

（一）工作场景

营销计量人员进入用户配电室开展计量装置故障处理。

（二）工作任务

计量装置故障处理：在用户配电室（与实际工作地点命名相符）进行计量装置故障处理，故障消除后在用户配电室完成采集调试工作。

（三）票种选择建议

配电第二种工作票。

（四）人员分工及安排

本次工作只有 1 个作业地点：用户配电室 1 号计量柜，因此本张工作票无需设置专责监护人（若不同工作地点同时开工，应在每个工作地点设置专责监护人）。参与本次工作的共 3 人（含工作负责人），具体分工为：

张××（工作负责人）：负责工作的整体协调组织，在用户配电室 1 号计量柜计量装置故障处理时进行监护。

王××（工作班成员）：进行计量装置故障检查及处理，完成后对电能表进行采集调试工作。

李××（工作班成员）：进行计量装置故障检查及处理，完成后对电能表进行采集调试工作。

二、工作票样例

配电第二种工作票

单　位　××××中心　　　编　号 YF20240512002

1. 工作负责人张××　　　班　组高压装接班

2. 工作班成员（不包括工作负责人）

李××、王××。

共 2 人

【票种选择】本次作业为用户配电室内不停电工作，使用配电第二种工作票，无需增持其他票种。

按照营销安规风险等级划分，不停电换表、现场检验、负控终端装拆调试、计量装置故障处理工作，应为 V 级风险。

1.【班组】对于两个及以上班组共同进行的工作，填写"综合班组"。

2.【工作班人员】人员应取得准入资质，安排的人员应进行承载力分析，确保人数适当、充足；如有特种作业应安排具备相应资质的特种作业人员。不同单位需分行填写。

【共×人】不包括工作负责人。

3. 工作任务

工作地点（地段）或设备［注明变（配）电站、线路名称、设备双重名称、线路的起止杆号］	工作内容
用户 10kV 配电室 1 号计量柜	计量装置故障处理、采集终端调试

4. 计划工作时间

自 2024 年 05 月 12 日 09 时 00 分至 2024 年 05 月 12 日 18 时 00 分。

5. 工作条件和安全措施（必要时可附页绘图说明）

电能表、采集终端装拆与调试时，宜断开各方面电源（含辅助电源）。若不停电进行，应做好绝缘包裹等有效隔离措施，防止误碰运行设备、误分闸。经互感器接入电能表的装拆、现场校验工作，应有防止电流互感器二次侧开路、电压互感器二次侧短路和防止相间短路、相对地短路、电弧灼伤的措施。工作时应与带电部位保持足够的安全距离，10kV 大于 0.7m。现场校验时应认清设备接线标识，设专人监护，工作完毕接电后要进行检查核验，确保接线正确，接线时螺丝应紧固并充分接触。对可能发生误碰危险的安装位置，应对拆下的通信线进行包裹，作业人员不得直接触碰通信线导体部分。应在工作地点四周设置围栏，挂"从此进出""在此工作""止步，高压危险"标示牌。对计量柜（箱）体进行验电后方可打开计量仓门。

工作票签发人签名：单××　　　　　　2024 年 05 月 12 日 08 时 30 分

工作票会签人签名：＿＿＿＿　　　　　＿＿＿年＿＿月＿＿日＿＿时＿＿分

工作负责人签名：张××　　　　　　　2024 年 05 月 12 日 08 时 35 分

6. 现场补充的安全措施

无。

4.【计划工作时间】根据工作条件填写计划工作时间。

5.【安全措施】应结合 2021 版营销安规和具体现场工作填写安全措施。建议填写工作监护制度、误碰其他运行设备以及工作中安全注意事项；填写在工作地点装设标示牌的名称和地点；填写应做好的安全防护措施及进出设备区的注意事项。

6.【补充安全措施】由工作许可人填写补充安全措施，没有则填写"无"。

7. 工作许可

许可内容	许可方式	工作许可人	工作负责人签名	工作许可时间
用户 10kV 配电室 1 号计量柜	当面	××	张××	2024 年 05 月 12 日 09 时 10 分
用户 10kV 配电室 1 号计量柜	当面	××		2024 年 05 月 12 日 09 时 11 分

7.【工作许可】客户侧现场作业应执行"双许可"制度,工作许可人许可工作票后,填写许可时间,工作负责人和工作许可人分别签名。许可时间不应早于计划工作开始时间。

8. 现场交底,工作班成员确认工作负责人布置的工作任务、人员分工、安全措施和注意事项并签名

王××　李××

8.【现场交底】现场交底签名,工作班成员确认工作负责人布置的工作任务、人员分工、安全措施和注意事项。每个工作班成员履行签名手续,不得代签。

9. <u>2024</u> 年 <u>05</u> 月 <u>12</u> 日 <u>09</u> 时 <u>30</u> 分工作负责人确认工作票所列安全措施全部执行完毕,下令开始工作。

10. 工作票延期

有效期延长到____年__月__日__时__分。

工作负责人签名:_____　　　　____年__月__日__时__分

工作许可人签名:_____　　　　____年__月__日__时__分

10.【工作票延期】工作票延期,由工作负责人向工作许可人提出申请,同意后记入并双方签名。此处工作许可人签名可代签。

11. 工作终结

11.1　工作班布置的安全措施已恢复,工作班人员已全部撤离现场,材料工具已清理完毕,杆塔、设备上已无遗留物。

11.2　工作终结报告。

11.【工作终结】工作结束后,工作负责人应及时报告工作许可人。工作负责人和工作许可人分别在各自收执的工作票上办理工作终结手续,签字并记录工作结束时间。工作一旦终结,任何工作人员不得进入工作现场。执行工作票"双许可"的工作,应由双许可人均办理工作终结手续后,方可视为工作终结。

终结内容	报告方式	工作负责人签名	工作许可人	终结报告时间
用户 10kV 配电室 1 号计量柜	当面	张××	××	2024 年 05 月 12 日 12 时 10 分
用户 10kV 配电室 1 号计量柜	当面		××	2024 年 05 月 12 日 12 时 11 分

12. 备注

12.1 指定专责监护人_____负责监护_____

_____（地点及具

体工作。）

12.2 其他事项：无。_____

_____

12【备注】如有指定专责监护人的，在12.1栏填写指定专责监护人姓名和监护的地点和具体工作，有其他事项的，在12.2栏填写其他事项。

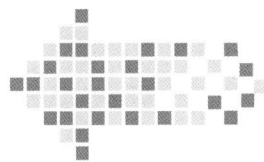

6. 低压客户侧电能表装拆及更换、现场检验

一、作业场景情况

（一）工作场景

施工人员进行低压客户侧电能表装拆及更换、现场检验。

（二）工作任务

低压客户侧电能表装拆及更换、现场检验：在计量箱内进行电能表装拆及更换，安装完成后在主站完成采集终端调试工作，后对运行电表进行现场检验。

（三）票种选择建议

低压工作票。

（四）人员分工及安排

本次工作有 1 个作业地点：10kV 样票线××小区 3 号配电室 1 号变压器所带的 13 号楼 1 单元 502 室用户计量装置，参与本次工作的共 2 人（含工作负责人），具体分工为：

张××（工作负责人）：负责工作的整体协调组织，在工作班成员进行低压客户侧电能表装拆及更换、现场检验时进行监护。

王××（工作班成员）：进行低压客户侧电能表装拆及更换，安装完成后在主站完成采集终端调试工作，后对运行电表进行现场检验。

二、工作票样例

低压工作票

单　位 ××××中心　　编　号 CD2024051701

1. 工作负责人李×× 　　班　组综合班组

2. 工作班成员（不包括工作负责人）

××××公司：张××。

共 1 人

3. 工作的线路名称或设备双重名称（多回路应注明双重称号及方位）、工作任务

【票种选择】本次作业为低压计量装置装拆，使用低压工作票，无需增持其他票种。

2.【工作班成员】工作班人员应取得准入资质，安排的人员应进行承载力分析，确保人数适当、充足；如有特种作业应安排具备相应资质的特种作业人员。工作班成员应填写全部工作人员姓名（不含工作负责人），将人数填入"共××人"内。

3.【工作的线路名称】工作的线路名称或设备双重名称应包括作业涉及用户的供电线路信息、供电台区信息，工作任

10kV 样票线××小区 3 号配电室 1 号变压器所带的 13 号楼 1 单元 502 室用户的电能表装拆及更换、现场检验。

4. 计划工作时间

自 2024 年 05 月 17 日 08 时 30 分至 2024 年 05 月 17 日 17 时 30 分。

5. 安全措施（必要时可附页绘图说明）

5.1 工作的条件和应采取的安全措施（停电、接地、隔离和装设的安全遮栏、围栏、标示牌等）。

（1）在接触运行中的金属计量箱前，应检查接地装置是否良好，并用验电笔确认其无电压后，方可接触。

（2）拆除表计前拉开出线空气开关。

（3）拆除表计/终端后，对进线电源做绝缘遮蔽处理。

（4）不停电工作。

5.2 保留的带电部位。

表箱进线电缆带电，勿触及。

5.3 其他安全措施和注意事项。

（1）作业人员正确佩戴安全帽，穿工作服、绝缘鞋。

（2）使用工具定期检查绝缘性能，不合格工器具及时更换。

（3）高空作业，防止跌落。

（4）雨天气禁止施工。明确作业现场危险点及安全注意事项。

（5）低压带电作业应戴护目镜，站在干燥的绝缘物上进行，对地保持可靠绝缘。

工作票签发人签名：吴×× 　　　　 2024 年 05 月 17 日 08 时 20 分

工作票会签人签名：＿＿＿＿　　　　＿＿＿年＿＿月＿＿日＿＿时＿＿分

工作负责人签名：李×× 　　　　 2024 年 05 月 17 日 08 时 25 分

6. 工作许可

6.1 现场补充的安全措施。

无。

6.2 确认本工作票安全措施正确完备，许可开始工作。

许可方式 当面　　　 许可工作时间：2024 年 05 月 17 日 09 时 00 分

务应具体明确、术语规范。所有工作内容必须完整，不得省略。如"计量装置故障处理"。

4.【计划工作时间】填写计划作业起始时间和计划结束时间。

5.【安全措施】填写应做好的安全防护措施、保留的带电部位及工作中安全注意事项。

6.【工作许可】由工作许可人填写补充安全措施，没有则填写"无"。工作许可人许可工作票后，填写许可时间，工作负责人和工作许可人分别签名。低压客户侧计量作业采用电话许可时，可由工作负责人在工作票相应栏内代为签名。许可开始工作时间不得提前于计划工作开始时间。

工作许可人签名：<u>朱××</u>　　　工作负责人签名：<u>李××</u>

7. 现场交底，工作班成员确认工作负责人布置的工作任务、人员分工、安全措施和注意事项并签名

<u>　张××　</u>

<u>　　　　　　　　　　　　　　　　　　　　　　　　　　　</u>

8. 工作票终结

工作班现场所装设接地线共 <u>0</u> 组、个人保安线共 <u>0</u> 组已全部拆除，工作班人员已全部撤离现场，工具、材料已清理完毕，杆塔、设备上已无遗留物。

工作负责人签名：<u>李××</u>　　　工作许可人签名：<u>朱××</u>

工作终结时间：<u>2024</u> 年 <u>05</u> 月 <u>17</u> 日 <u>17</u> 时 <u>00</u> 分

9. 备注

<u>　无。　　　　　　　　　　　　　　　　　　　　　　　　</u>

7.【现场交底】工作许可后，工作负责人应组织召开工前会，向工作班成员进行现场交底，交待工作任务、人员分工、安全措施和注意事项，并指明工作过程中存在的主要危险点和防范措施。每个工作班成员履行签名手续，不得代签。

8.【工作票终结】工作结束后，工作负责人应及时报告工作许可人。工作负责人和工作许可人分别在各自收执的工作票上办理工作终结手续，签字并记录工作结束时间。工作终结时间不应超出计划工作时间。

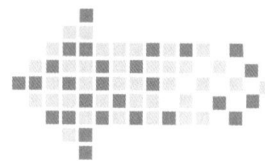

7. 低压客户侧计量装置故障处理

一、作业场景情况

（一）工作场景

电能表发生故障，施工人员对低压客户侧计量装置故障处理。

（二）工作任务

低压客户侧计量装置故障处理：在计量箱内对故障电能表进行更换，安装完成后在主站完成采集终端调试工作。

（三）票种选择建议

低压工作票。

（四）人员分工及安排

本次工作有 1 个作业地点：10kV 样票线××小区 3 号配电室 1 号变压器所带的 13 号楼 1 单元 502 室用户计量装置。参与本次工作的共 2 人（含工作负责人），具体分工为：

张××（工作负责人）：负责工作的整体协调组织，在对低压客户侧计量装置故障处理时进行监护。

王××（工作班成员）：对故障电能表进行更换。

二、工作票样例

<table>
<tr><td colspan="2">

低压工作票

</td></tr>
<tr><td>单　　位 ××××中心</td><td>编　　号 <u>CD2024051702</u></td></tr>
<tr><td colspan="2">

1. 工作负责人 <u>李××</u>　　班　组 <u>综合班组</u>

2. 工作班成员（不包括工作负责人）

××××公司：张××。

共 <u>1</u> 人

3. 工作的线路名称、设备双重名称、工作任务

<u>10kV 样票线××小区 3 号配电室 1 号变压器所带的 13 号楼 1 单元 502 室用户计量装置故障处理。</u>

</td></tr>
</table>

【票种选择】本次作业为低压计量装置故障处理，使用低压工作票，无需增持其他票种。

2.【工作班成员】工作班人员应取得准入资质，安排的人员应进行承载力分析，确保人数适当、充足；如有特种作业应安排具备相应资质的特种作业人员。工作班成员应填写全部工作人员姓名（不含工作负责人），将人数填入"共×人"内。

3.【工作的线路名称】工作的线路名称或设备双重名称应包括作业涉及用户的供电线路信息、供电台区信息，工作任务应具体明确、术语规范。所有工作内容必须完整，不得省略。如"计量装置故障处理"。

4. 计划工作时间

自 <u>2024</u> 年 <u>05</u> 月 <u>17</u> 日 <u>08</u> 时 <u>30</u> 分至 <u>2024</u> 年 <u>05</u> 月 <u>17</u> 日 <u>17</u> 时 <u>30</u> 分。

5. 安全措施（必要时可附页绘图说明）

5.1 工作的条件和应采取的安全措施（停电、接地、隔离和装设的安全遮栏、围栏、标示牌等）。

（1）在接触运行中的金属计量箱前，应检查接地装置是否良好，并用验电笔确认其确无电压后，方可接触。

（2）拆除表计前拉开出线空气开关。

（3）拆除表计/终端后，对进线电源做绝缘遮蔽处理。

（4）不停电工作。

5.2 保留的带电部位。

表箱进线电缆带电，勿触及。

5.3 其他安全措施和注意事项。

（1）作业人员正确佩戴安全帽，穿工作服、绝缘鞋。

（2）使用工具定期检查绝缘性能，不合格工器具及时更换。

（3）高空作业，防止跌落。

（4）雨天气禁止施工。明确作业现场危险点及安全注意事项。

（5）低压带电作业应戴护目镜，站在干燥的绝缘物上进行，对地保持可靠绝缘。

工作票签发人签名：<u>吴××</u>　　　　<u>2024</u> 年 <u>05</u> 月 <u>17</u> 日 <u>08</u> 时 <u>20</u> 分

工作票会签人签名：<u>　　　</u>　　　　<u>　　</u> 年 <u>　</u> 月 <u>　</u> 日 <u>　</u> 时 <u>　</u> 分

工作负责人签名：<u>李××</u>　　　　<u>2024</u> 年 <u>05</u> 月 <u>17</u> 日 <u>08</u> 时 <u>25</u> 分

6. 工作许可

6.1 现场补充的安全措施。

无。

6.2 确认本工作票安全措施正确完备，许可开始工作。

许可方式 <u>当面</u>　　　　许可工作时间：<u>2024</u> 年 <u>05</u> 月 <u>17</u> 日 <u>09</u> 时 <u>00</u> 分

工作许可人签名：<u>朱××</u>　　　工作负责人签名：<u>李××</u>

4.【计划工作时间】填写计划作业起始时间和计划结束时间。

5.【安全措施】填写应做好的安全防护措施、保留的带电部位及工作中安全注意事项。

6.【工作许可】由工作许可人填写补充安全措施，没有则填写"无"。工作许可人许可工作票后，填写许可时间，工作负责人和工作许可人分别签名。低压客户侧计量作业采用电话许可时，可由工作负责人在工作票相应栏内代为签名。许可开始工作时间不得提前于计划工作开始时间。

7. 现场交底，工作班成员确认工作负责人布置的工作任务、人员分工、安全措施和注意事项并签名

张××

8. 工作票终结

工作班现场所装设接地线共 _0_ 组、个人保安线共 _0_ 组已全部拆除，工作班人员已全部撤离现场，工具、材料已清理完毕，杆塔、设备上已无遗留物。

工作负责人签名：李××　　工作许可人签名：朱××

工作终结时间：2024 年 05 月 17 日 17 时 00 分

9. 备注

无。